Yo soy ALOSAURIO

por Timothy J. Bradley

Yo soy *Alosaurio.*

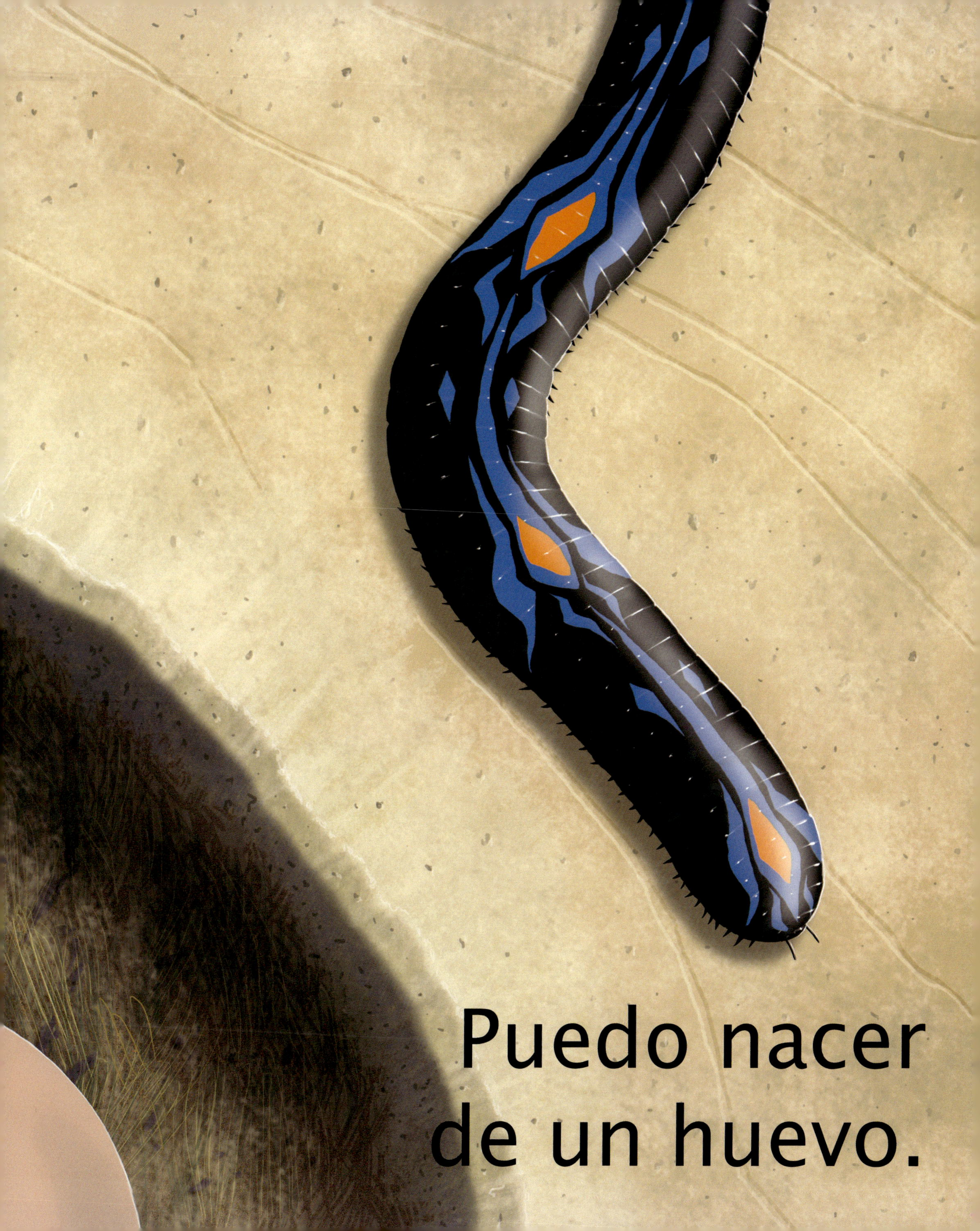

Puedo nacer
de un huevo.

Yo soy *Alosaurio*.

Puedo ver.

Yo soy *Alosaurio*.

Puedo correr.

Yo soy *Alosaurio.*

Puedo esconderme.

Yo soy *Alosaurio.*

Puedo cazar.

Yo soy *Alosaurio.*

Puedo comer.

Yo soy *Alosaurio.*

Puedo crecer.

Yo soy *Alosaurio.*

Puedo ver.

Yo soy *Alosaurio.*

Puedo correr.

Yo soy *Alosaurio.*

Puedo oler.

Yo soy *Alosaurio.*

Puedo cazar.

Yo soy *Alosaurio.*

Puedo comer.

Yo soy *Alosaurio.*

Estoy extinto.

Para las mentes creativas

La sección educativa "Para las mentes creativas" puede ser fotocopiada o impresa de nuestra página web por el propietario de este libro para usos educacionales o no comerciales.

Visita www.ArbordalePublishing.com para explorar recursos adicionales.

Acerca de *Alosaurio*

El *Alosaurio* (a-lo-sau-rio) fue un dinosaurio que vivió hace mucho tiempo. El *Alosaurio* era grande, medía alrededor de 9 metros (30 pies) de largo. ¡Esto es tan largo como un autobús escolar!

Aunque fuera así de grande, puede que el *Alosaurio* haya sido un cazador ágil, sus presas eran criaturas más pequeñas y posiblemente algunos de los dinosaurios más grandes con los que compartía el mundo, como el *Estegosaurio* (es-te-go-sau-rio) y el *Camarasaurus* (ca-ma-ra-sau-rus).

También pudo haber sido un carroñero (ca-rro-ñe-ro), es decir, que comía animales que ya estaban muertos. Los *Alosaurios* pueden haber cazado solos, o posiblemente en grupos.

Los científicos ahora creen que muchos dinosaurios jóvenes tenían plumas parecidas al pelo. La gran pregunta es si los adultos tenían plumas o si las plumas se caían conforme los dinosaurios crecían. En el mundo de hoy, las aves son los únicos animales que tienen plumas. ¡Algunas aves que no vuelan, como el emú y el kiwi, tienen plumas parecidas al pelo, como las que piensan los científicos que tenían los dinosaurios!

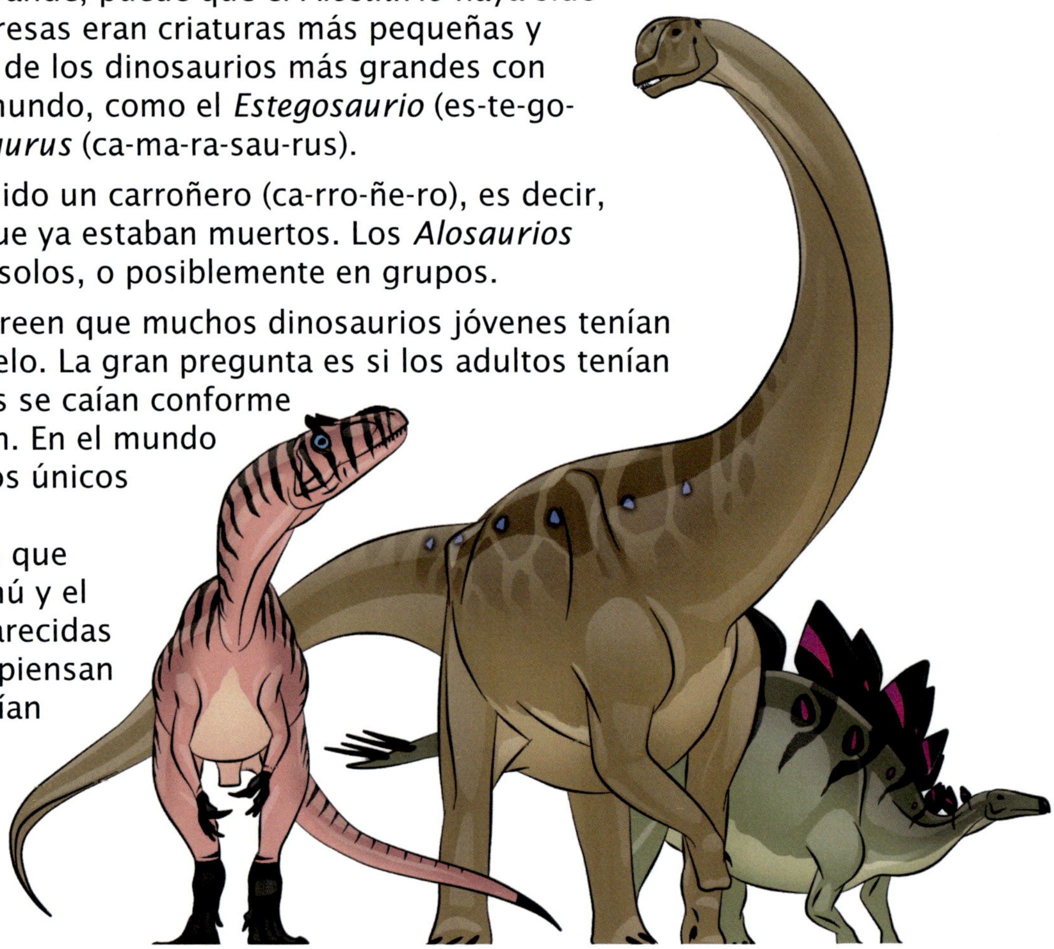

Línea de tiempo y ubicación

Alosaurio

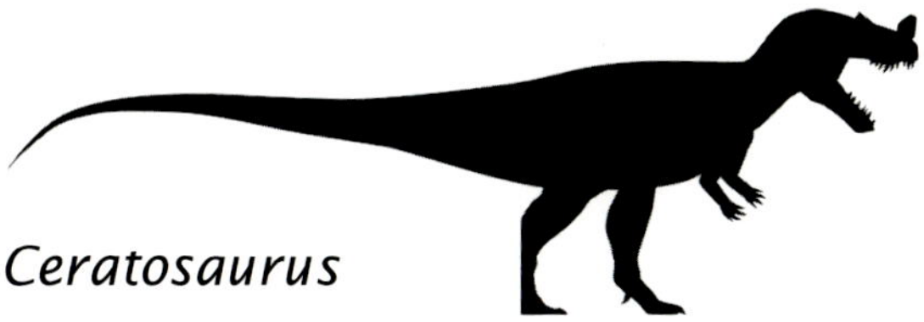

Ceratosaurus

Brachiosaurus

Los *Alosaurios* vivieron hace 155 a 150 millones de años, durante un tiempo llamado el Período Jurásico (ju-rá-si-co). Los *Alosaurios* vivieron después de los dinosaurios más primitivos, pero mucho antes del *Tiranosaurio* (ti-ra-no-sau-rio) y el *Triceratops* (tri-se-ra-tops).

Dinosaurios como el depredador *Ceratosaurus* (ce-ra-to-sau-rus) y el gigante de cuello largo *Brachiosaurus* (bra-chio-sau-rus) vivieron en el mundo jurásico del *Alosaurio*.

El mundo del *Alosaurio* era diferente a nuestro mundo actual. Los *Alosaurios* vivieron mucho antes de que existieran personas en el planeta. Aunque podrías reconocer algo del mundo pasado, las cosas que vemos a nuestro alrededor diariamente, como pasto y flores, no existían aún.

Los fósiles de *Alosaurios* han sido encontrados en América del Norte, principalmente en Wyoming, Colorado y Utah, y algunos otros se han hallado en Montana, Dakota del Sur, y Nuevo México. ¿Puedes encontrar esos estados en el mapa de abajo? ¿Vives cerca de esos lugares?

¡Los fósiles de *Alosaurio* también han sido encontrados en Portugal y los científicos podrían haber encontrado uno en Tanzania!

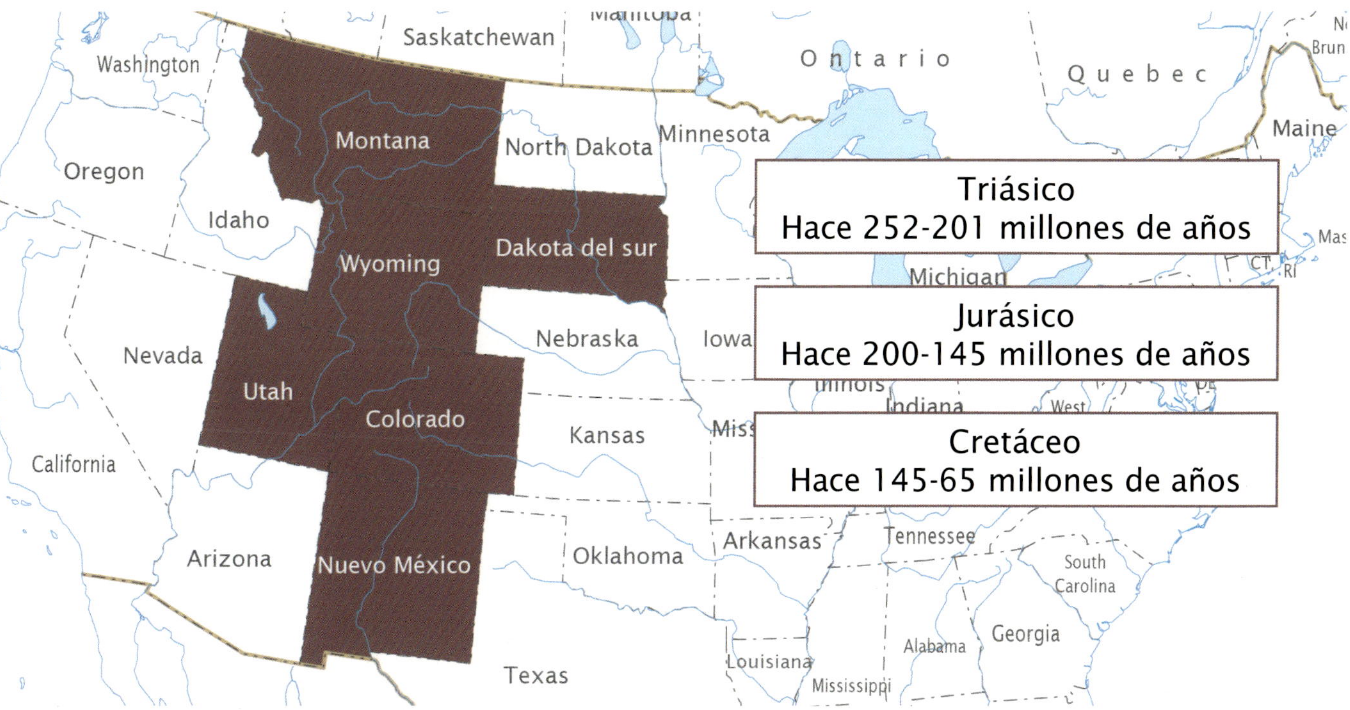

El esqueleto del *Alosaurio* y su restauración

Alosaurio viene del griego "allos", que significa diferente, y "saurus", que significa lagarto. En otras palabras, el nombre significa "lagarto diferente" porque el primer esqueleto encontrado era muy diferente a cualquier otro dinosaurio conocido para ese momento. Los científicos pueden aprender bastante sobre los dinosaurios basándose en fósiles y esqueletos que que encuentran.

Los *Alosaurios* eran grandes dinosaurios terópodos que caminaban en dos patas (bípedos).

Algunas de las vértebras de los *Alosaurios* eran huecas, tal y como las aves modernas. Los huesos de los *Alosaurios* muestran una larga cola que balanceaba su cuerpo. Los huesos de las piernas de los *Alosaurios* eran fuertes, y puede que indicaran que el *Alosaurio* era un dinosaurio grande y rápido al mismo tiempo.

Los cráneos fosilizados muestran grandes cavidades oculares y cuernos, sobre y delante de los ojos. Los cuernos puede que hayan funcionado como "pantalla". El cráneo del *Alosaurio* tiene varios hoyos grandes, lo que podría haber aligerado su peso.

Sus dientes tenían una forma que les permitía atravesar la piel de sus presas. La parte frontal y trasera de cada diente era dentada (como un cuchillo) con muescas para cortar. Su boca se podría abrir ampliamente para usar esos afilados dientes. Si un *Alosaurio* perdía un diente, este le volvía a crecer. La forma y tipo de dientes les indican a los científicos que el *Alosaurio* era un carnívoro.

Las extremidades o "brazos" eran cortas, aunque más largas que las de un T-Rex. Las manos de los *Alosaurios* tenían tres dedos. El pulgar era corto, con una garra larga. Los otros dos dedos eran más delgados, con garras pequeñas y afiladas.

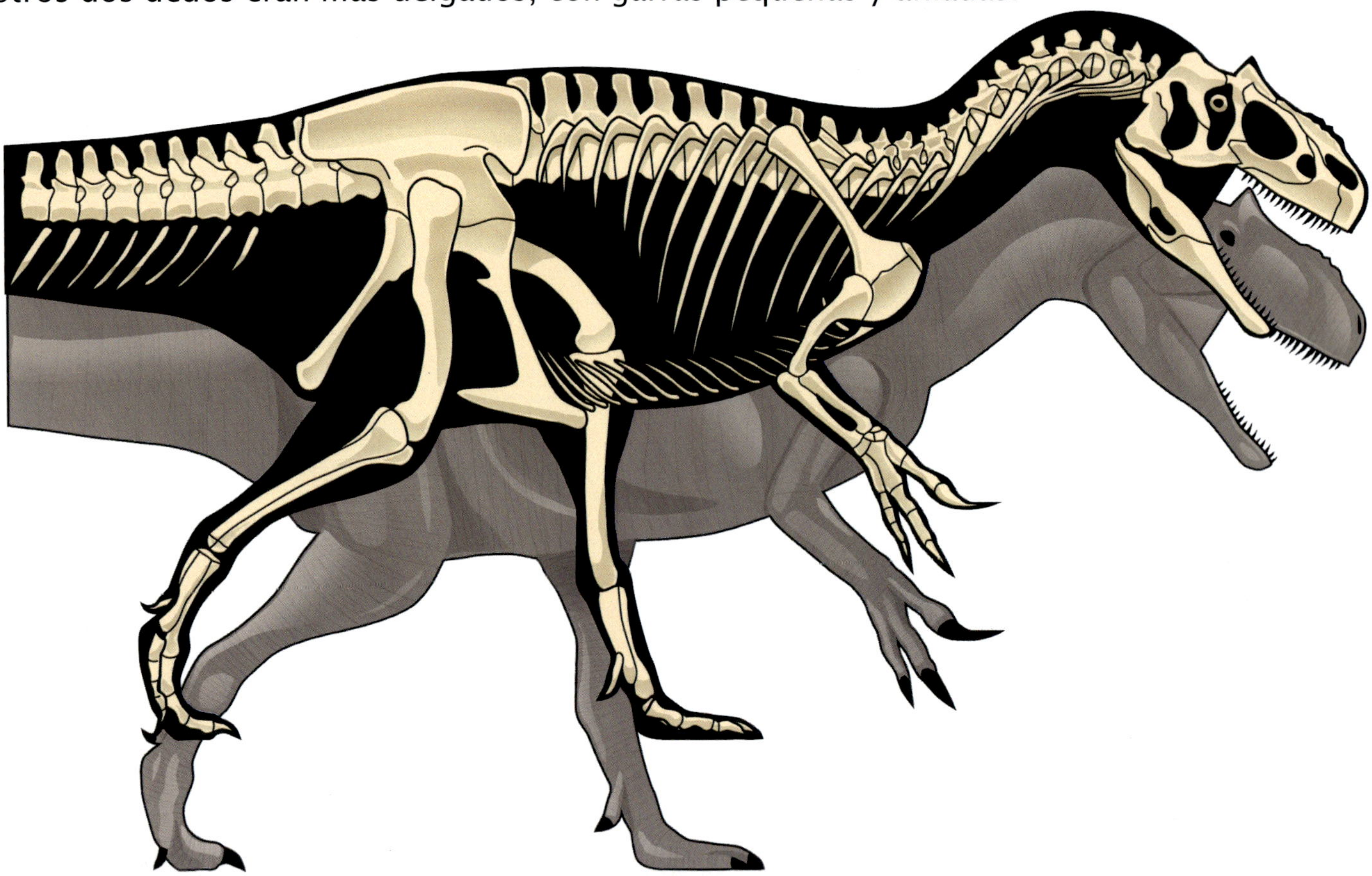

¿Qué colores?

¿De qué color era el *Alosaurio*? Los científicos no lo saben. Las indicaciones de colores no se fosilizan con tanta regularidad, pero hay pistas de que los dinosaurios podían ver en colores, y que puede que algunas partes de sus cuerpos hayan sido de colores brillantes.

Aunque no podemos saber con certeza el color del *Alosaurio*, es muy posible que fuera de colores brillantes, al igual que los reptiles y las aves que nos rodean actualmente.

Lo biólogos saben que algunos animales de hoy usan los colores brillantes con la intención de alertar a otros animales para mantenerse alejados porque son venenosos. Los colores brillantes también podrían haber sido usados para atraer parejas. Y los animales generalmente usan colores o patrones para ayudarles a esconderse (camuflaje) de los depredadores o presas.

El autor e ilustrador de este libro imaginó que los *Alosaurios* tenían piel rosada. ¿De qué color crees TÚ que era el *Alosaurio*? Ve a la sección "Para las mentes creativas" en la página principal del libro en www.ArbordalePublishing.com para descargar una página para colorear.

¿De qué color crees TÚ que era el *Alosaurio*?

¿Cómo lucía su hábitat?

¿De qué forma su color ayudaba a los *Alosaurios* a vivir en su hábitat?

Para Kayellen - TJB

Gracias al profesor Kevin Padian, del Departamento de Biología Integradora de la Universidad de Berkeley, California, y al Dr. Kenneth Carpenter, Director del Museo Prehistórico de la Universidad Estatal del Este de Utah por la verificación de la información presente en este libro.

palabras clave: dinosaurios, *Alosaurio*

Library of Congress Cataloging-in-Publication Data

Names: Bradley, Timothy J., author.
Title: Yo so alosaurio / por Timothy J. Bradley.
Other titles: I am allosaurus. Spanish
Description: Mt. Pleasant : Arbordale Publishing, LLC, [2020] | Series: I am dinosaur | Includes bibliographical references. | Audience: Ages 3-7 | Audience: Grades K-1
Identifiers: LCCN 2019050294 (print) | LCCN 2019050295 (ebook) | ISBN 9781643517599 (trade paperback) | ISBN 9781643517896 (interactive ebook) | ISBN 9781643517797 (epub)
Subjects: LCSH: Allosaurus--Juvenile literature.
Classification: LCC QE862.S3 B72718 2020 (print) | LCC QE862.S3 (ebook) | DDC 567.912--dc23

Bibliography:
Castro, Joseph. Alosaurio: Fact About the “Different Lizard.” LiveScience. March 15, 2016, internet accessed March 2019.
Foster, John. 2007. Jurassic West: the Dinosaurs of the Morrison Formation and Their World. Bloomington, Indiana: Indiana University Press.
Paul, Gregory S. (1988). “Genus Alosaurio”. Predatory Dinosaurs of the World. New York: Simon & Schuster.

Traducido por Alejandra de la Torre con Javier Camacho Miranda

Elaborado en los EEUU
Este producto se ajusta al CPSIA 2008

Arbordale Publishing
Mt. Pleasant, SC 29464
www.ArbordalePublishing.com